Afreen Parween
Neelanjana Choudhury

Desenvolvimento de vacinas recombinantes da próxima geração mediadas por CRISPR-Cas9

Afreen Parween
Neelanjana Choudhury

Desenvolvimento de vacinas recombinantes da próxima geração mediadas por CRISPR-Cas9

Papel da ferramenta de edição de genes CRISPR-Cas9 no desenvolvimento de vacinas recombinantes

ScienciaScripts

Imprint

Any brand names and product names mentioned in this book are subject to trademark, brand or patent protection and are trademarks or registered trademarks of their respective holders. The use of brand names, product names, common names, trade names, product descriptions etc. even without a particular marking in this work is in no way to be construed to mean that such names may be regarded as unrestricted in respect of trademark and brand protection legislation and could thus be used by anyone.

Cover image: www.ingimage.com

This book is a translation from the original published under ISBN 978-620-7-99844-9.

Publisher:
Sciencia Scripts
is a trademark of
Dodo Books Indian Ocean Ltd. and OmniScriptum S.R.L publishing group

120 High Road, East Finchley, London, N2 9ED, United Kingdom
Str. Armeneasca 28/1, office 1, Chisinau MD-2012, Republic of Moldova, Europe
Printed at: see last page
ISBN: 978-620-8-02448-2

DESENVOLVIMENTO DE VACINAS RECOMBINANTES DE NOVA GERAÇÃO MEDIADAS POR CRISPR-CAS9

AUTORES

Afreen Parween (M.Sc. Biotecnologia) Dr. Neelanjana Choudhury (M.Sc., Ph.D., NET, GATE)

Professor Assistente (Biotecnologia), C.V. Raman Global University, Bhubaneswar, Odisha, Índia

DO PAINEL DE CONTROLO DO AUTOR

O campo da biotecnologia testemunhou avanços transformadores ao longo das últimas décadas, com o sistema CRISPR-Cas9 a destacar-se como um dos desenvolvimentos mais inovadores. Esta poderosa ferramenta de edição do genoma revolucionou a forma como os cientistas abordam as modificações genéticas, permitindo uma edição precisa, eficiente e versátil do ADN em organismos vivos. À medida que mergulhamos no domínio do desenvolvimento de vacinas, a CRISPR-Cas9 surge como uma tecnologia fundamental, oferecendo oportunidades sem precedentes para conceber vacinas recombinantes da próxima geração que sejam mais eficazes, direccionadas e adaptáveis a uma vasta gama de doenças. "CRISPR-Cas9 Mediated Next Generation Recombinant Vaccine Development" explora a convergência da tecnologia CRISPR com a vacinologia, apresentando uma panorâmica abrangente da forma como esta ferramenta inovadora está a remodelar o panorama da investigação e desenvolvimento de vacinas.

Este livro é um esforço coletivo para compilar as mais recentes investigações, metodologias e aplicações do CRISPR-Cas9 na criação de vacinas recombinantes que podem potencialmente mudar o curso da gestão de doenças infecciosas. A génese deste livro decorre da necessidade urgente de enfrentar os desafios colocados pelas doenças infecciosas emergentes e reemergentes. As abordagens tradicionais de desenvolvimento de vacinas, embora bem sucedidas em muitos casos, enfrentam frequentemente limitações em termos de rapidez, especificidade e adaptabilidade. Esta capacidade é particularmente crucial no contexto de doenças causadas por agentes patogénicos em rápida mutação, como a gripe e os coronavírus, em que os métodos tradicionais podem ser insuficientes. Nestas páginas, os leitores encontrarão discussões detalhadas sobre os princípios da tecnologia CRISPR-Cas9, a sua aplicação no desenvolvimento de vacinas recombinantes e estudos de casos que destacam implementações bem-sucedidas. Exploramos os mecanismos moleculares subjacentes à edição do genoma mediada por CRISPR-Cas9, a conceção e construção de vectores de vacinas baseados em CRISPR e a otimização destes vectores para uma maior imunogenicidade e segurança.

Além disso, o livro aborda as considerações regulamentares, éticas e de biossegurança que acompanham a utilização de vacinas editadas por CRISPR em contextos clínicos. Estamos no limiar de uma nova era na vacinologia, em que a medicina de precisão e a engenharia genética convergem para oferecer soluções que outrora se pensava serem do domínio da ficção científica. Este livro tem como objetivo servir como um recurso valioso para investigadores, clínicos e estudantes que estão ansiosos por explorar o potencial do CRISPR-Cas9 no desenvolvimento de vacinas. Esperamos que esta compilação não só informe e inspire, mas também impulsione a inovação e a colaboração na procura de vacinas melhores, mais seguras e mais eficazes. Ao embarcarmos nesta viagem através da promissora fronteira do desenvolvimento de vacinas mediadas por CRISPR-Cas9, estendemos a nossa gratidão aos numerosos cientistas e investigadores cujo trabalho pioneiro lançou as bases para este livro. A sua dedicação e engenho continuam a alargar os limites do que é possível, abrindo caminho para um futuro em que possamos combater mais eficazmente as doenças infecciosas e melhorar os resultados da saúde global.

Dr. Neelanjana Choudhury

(M.Sc., Ph.D., GATE, NET)

Professor assistente (Biotecnologia),

Universidade Global C.V. Raman, Bhubaneswar, Odisha

03.08.24

DADOS DO AUTOR

Afreen Parween

Concluiu o seu Mestrado em Biotecnologia no ano de 2024 pela Universidade Global C.V. Raman, Bhubaneswar, Odisha. Ela publicou capítulos de livros e artigos de pesquisa em periódicos de alto impacto. Ela desenvolveu muitas habilidades técnicas participando de workshops e sessões de treinamento.

Dr. Neelanjana Choudhury

Sou um biotecnólogo com mais de 9 anos de experiência de investigação em biologia molecular, toxicologia e biotecnologia e 5,3 anos de experiência de ensino como professor assistente. Atualmente, trabalho como Professor Assistente em Biotecnologia na Faculdade de Agricultura e Ciências Afins da Universidade Global CV Raman, Bhubaneswar, Odisha. Recebi o grau de Doutor no ano de 2017 da Universidade de Kalyani, W.B. Além disso, com as Acessões do Banco de Genes, publiquei artigos de investigação de alto impacto em revistas nacionais e internacionais e capítulos de livros sobre algumas áreas de interesse de investigação recentes. Obtive a primeira posição no "Biotech Talent Search Exam" realizado pela Biotechnotricks em colaboração com a BCIL, Índia, no ano de 2008. Recebi a bolsa de investigação universitária da Universidade de Kalyani, Kalyani, Bengala Ocidental, no ano de 2012, os prémios "Jovem Biotecnólogo" e "Cientista Eminente" na plataforma internacional no ano de 2023. Além disso, passei nos exames a nível nacional como o GATE e o NET em Biotecnologia.

CONTEÚDO

RESUMO

A tecnologia CRISPR-Cas9 revolucionou a expansão das vacinas, anunciando uma nova era de vacinas recombinantes de próxima geração. Começando com um início minucioso, o estudo enfatiza a importância da criação de vacinas para a saúde pública. Avalia as estratégias de vacinação desenvolvidas, definindo o caminho para o revolucionário CRISPR-Cas9 e redefinindo o uso da genética para a criação de vacinas. As deliberações abrangem a especificidade das modificações da Cas9, bem como utilizações mais amplas na edição de genes, no controlo de genes e na modificação do epigenoma. A revisão acentua as potenciais utilizações do CRISPR-Cas9 para métodos de vacinação revolucionários. A análise salienta a necessidade de novas ideias para ultrapassar os obstáculos no fabrico tradicional de vacinas. É explorado o potencial revolucionário do CRISPR-Cas9 na conceção de vacinas, com destaque para a criação sequencial de vacinas utilizando o CRISPR-Cas9, envolvendo a escolha, modificação e personalização de antigénios.

Uma revisão exaustiva da programação de antigénios CRISPR-Cas9 indica a sua capacidade de alterar componentes antigénicos, desenvolvendo e melhorando as respostas imunitárias. Estudos de casos de engenharia eficaz de antigénios demonstram a resiliência do CRISPR-Cas9 no desenvolvimento de vacinas. É fundamental para a investigação de tecnologias de administração de vacinas modificadas por CRISPR-Cas9. A visão geral abrange abordagens que vão desde vírus e vectores a nanopartículas e electroporação, fornecendo perspectivas sobre problemas e avanços tecnológicos. As questões éticas desempenham um papel importante na resolução de problemas de segurança no desenvolvimento de vacinas mediadas por CRISPR-Cas9. São investigados os elementos da modificação genética dos agentes patogénicos e as potenciais implicações. O livro conclui com exemplos de casos esclarecedores que ilustram a capacidade do CRISPR-Cas9 no desenvolvimento de vacinas patogénicas. Em conclusão, este estudo resume a influência perturbadora do CRISPR-Cas9 no desenvolvimento de vacinas, expondo potenciais problemas e consequências éticas no futuro da medicina preventiva.

PALAVRAS-CHAVE: *CRISPR-Cas9, Vacinas recombinantes, Variantes de Cas9, Desenvolvimento de vacinas, Edição de genomas*

ANTECEDENTES

O desenvolvimento de vacinas é um dos suportes mais integrais da aptidão física colectiva, protegendo a sociedade da hostilidade das doenças contagiosas. Através de técnicas experimentais meticulosas, as vacinas são desenvolvidas para vitalizar o sistema imunitário, adaptando-o para combater micróbios específicos. O desenvolvimento de vacinas tem uma história rica que atravessa séculos, marcada por numerosas descobertas científicas, avanços na saúde pública e inovações.

Variolação da História Antiga:

Originada na China e no Médio Oriente por volta do século X. Envolvia a exposição deliberada a material de feridas de varíola para induzir imunidade.

Edward Jenner e a vacina contra a varíola (1796):

Considerado o pai da vacinologia moderna. Demonstrou que a inoculação com cowpox (um vírus menos grave) podia proteger contra a varíola.

Avanços do século XIX Louis Pasteur:

Desenvolveu vacinas contra a raiva e o carbúnculo. Introduziu o conceito de vacinas atenuadas (agentes patogénicos enfraquecidos).

Teoria Germinal da Doença:

Proposto por cientistas como Pasteur e Robert Koch. Estabeleceram que microrganismos específicos causam doenças específicas, abrindo caminho para vacinas direccionadas.

Descobertas do século XX:

Vacina contra a difteria, o tétano e a tosse convulsa (DTP):

Vacinas combinadas para proporcionar uma proteção mais ampla com menos injecções. **Vacina contra a poliomielite:** Desenvolvida por Jonas Salk (vacina inactivada contra o poliovírus) e Albert Sabin (vacina oral viva atenuada contra o poliovírus). Desempenhou um papel fundamental na quase erradicação da poliomielite a nível mundial. **Vacina contra sarampo, papeira e rubéola (MMR):**

Vacina combinada introduzida na década de 1960.

DESENVOLVIMENTO DE VACINAS MODERNAS TECNOLOGIA DE ADN RECOMBINANTE

Permitiu o desenvolvimento de vacinas como a vacina contra a hepatite B. Utiliza a engenharia genética para produzir antigénios que estimulam uma resposta imunitária. **Vacinas conjugadas:**

Vacinas melhoradas para infecções bacterianas como o Haemophilus influenzae tipo b (Hib) e o pneumococo. Ligar antigénios polissacáridos a proteínas para melhorar a resposta imunitária, especialmente em crianças pequenas.

Vacinas de ARN mensageiro (mRNA):

Rapidamente desenvolvidas para a COVTD-19 (por exemplo, vacinas da Pfizer-BioNTech e da Moderna). Utilizam ARNm sintético para instruir as células a produzir proteínas virais que desencadeiam uma resposta imunitária.

Processo de desenvolvimento de vacinas Fase exploratória:

Investigação laboratorial de base para identificar potenciais antigénios.

Fase pré-clínica:

Estudos laboratoriais e em animais para avaliar a segurança e a imunogenicidade.

Desenvolvimento clínico:

Fase I: Ensaios em pequena escala em voluntários saudáveis para avaliar a segurança e a dosagem. **Fase II:** Ensaios alargados para avaliar a imunogenicidade e os efeitos secundários num grupo maior.

Fase III: Ensaios em grande escala para confirmar a eficácia e monitorizar as reacções adversas em diversas populações.

Revisão e aprovação regulamentar:

Apresentação de dados aos organismos reguladores (por exemplo, FDA, EMA) para análise e aprovação.

Fabrico:

Aumentar a produção, assegurando simultaneamente o controlo da qualidade.

Vigilância pós-comercialização:

Monitorização contínua da segurança e eficácia das vacinas na população em geral. O uso de vacinas é vital para limitar a replicação de doenças virulentas, o que diminui a taxa de doenças, reabilitações e fatalidades. As vacinas provocam anticorpos que ajudam o sistema imunitário a reter a forma de erradicar a doença através da administração direta de fragmentos patogénicos não tóxicos ou de versões frágeis da doença. Enquanto isso, o sistema imunológico está pronto, pode reagir de forma rápida e produtiva se encontrar um agente infecioso em breve. As implicações das imunizações na saúde geral são significativas. Em muitas áreas, ajudaram a livrar o mundo de doenças perigosas como a tosse convulsa e a abolir outras como o sarampo e a lepra. A sua importância é ainda mais enfatizada pela ideia de imunidade colectiva, que afirma que quando uma grande proporção de uma comunidade é imunizada, a doença tem menos probabilidades de se propagar, protegendo mesmo as pessoas que não podem ser vacinadas por razões médicas. As vacinas têm benefícios para a economia, para além da proteção pessoal, uma vez que poupam despesas de saúde e aumentam a produtividade. Ao evitarem surtos e potenciais pandemias, contribuem também para a segurança da saúde mundial. A pandemia de COVID-19 serviu para recordar a necessidade de investigação sobre vacinas e a sua importância no combate a doenças emergentes. A investigação está a ser realizada repetidamente na procura de vacinas seguras e com melhor desempenho, salientando o papel crucial que estas desempenham para garantir um mundo mais seguro e robusto. O caminho para os métodos convencionais de produção de vacinas é estimulado pelo uso de organismos aleijados ou incapacitados. As versões mais fracas do agente patogénico são utilizadas em vacinas vivas atenuadas, que desencadeiam respostas imunitárias poderosas e duradouras. Embora mais seguras por utilizarem germes destruídos, as vacinas inactivadas podem ter de ser administradas mais do que uma vez. Enquanto as vacinas de células inteiras utilizam células bacterianas totalmente inactivadas, as vacinas de componentes, recombinantes e híbridas concentram-se em componentes específicos da doença. As vacinas de vectores virais transmitem a informação genética do agente patogénico desejado utilizando vírus seguros. Embora eficazes, alguns métodos têm inconvenientes. As pessoas com imunodeficiência podem estar em perigo com vacinas vivas, que também podem reverter para a gravidade. As reacções do sistema imunitário induzidas por vacinas inactivadas podem ser menos robustas. Podem ser necessários tratamentos para as vacinas de subunidades para aumentar a sua eficácia, enquanto as vacinas de células completas podem causar reacções adversas devido a uma variedade de constituintes. Pode haver problemas com a imunidade precedente utilizando vacinas de vírus vectoriais. As vacinas convencionais podem envolver procedimentos de produção complicados e podem não oferecer uma proteção uniforme a todas as pessoas. A eficácia terapêutica das vacinas pode também ser influenciada pela variabilidade da doença e pela alteração das estirpes. Para ultrapassar estes obstáculos e criar técnicas de vacinação mais personalizadas e eficazes, foram desenvolvidas inovações avançadas em matéria de vacinação em resultado destas restrições. A sigla CRISPR é extensível a Clustered Regularly Interspaced Short Palindromic Repeats (Repetições Palindrómicas Curtas Agrupadas Regularmente Interespaçadas). É a última palavra em tecnologia genética que alterou drasticamente a engenharia genética: CRISPR-Cas9. Transforma o campo da biologia molecular e numerosas disciplinas científicas ao fornecer um método preciso e específico para alterar o ADN nos organismos.

O CRISPR-Cas9 é composto por dois componentes principais: o ARN guia (ARNg) e a proteína Cas9. O gRNA é uma sequência de RNA feita à medida que se alinha com a sequência de ADN alvo. A proteína Cas9 actua como uma tesoura molecular, clivando o ADN no local especificado e dirigido pelo gRNA. As duas partes principais do guia CRISPR-Cas9 são o ARN (ARNg) e a proteína Cas9. Uma sequência de ARN desenvolvida exclusivamente, denominada gRNA, coincide com a sequência de ADN desejada. Como uma tesoura molecular, a proteína Cas9 corta o ADN no local exato especificado pelo gRNA. O CRISPR é importante porque permite aos investigadores alterar praticamente o código genético de qualquer organismo. Em comparação com os métodos anteriores de edição de genes, é mais fácil, menos dispendioso e mais preciso. Tem também uma variedade de aplicações práticas, incluindo o desenvolvimento de culturas que podem resistir à seca e a correção de doenças genéticas.

MECANISMO CRISPR-Cas9: PRINCÍPIOS E IMPLICAÇÕES

Uma tecnologia intrigante que alterou o campo da engenharia genética é o sistema CRISPR-Cas9. Para reconhecer as suas múltiplas aplicações, é vital compreender o procedimento e as suas implicações. O CRISPR-Cas9, uma tecnologia inovadora de engenharia genética, revolucionou a investigação biológica e é uma promessa significativa para o desenvolvimento de vacinas. A compreensão do seu mecanismo e das suas potenciais aplicações pode esclarecer o seu papel transformador na criação de vacinas da próxima geração. Princípios do mecanismo CRISPR-Cas9 CRISPR-Cas9 significa Clustered Regularly Interspaced Short Palindromic Repeats (Repetições Palindrómicas Curtas Agrupadas Regularmente Interespaçadas) e CRISPR-associated protein 9 (Proteína 9 associada a CRISPR). É um sistema que ocorre naturalmente em bactérias e archaea, onde serve como um mecanismo imunitário adaptativo contra vírus e plasmídeos.

1. Adaptação:

Quando uma bactéria encontra um vírus, incorpora fragmentos do ADN viral no seu genoma nos loci CRISPR. Estes fragmentos, ou "espaçadores", são intercalados com sequências repetidas.

2. Expressão:

Os loci CRISPR são transcritos para uma longa molécula de ARN, que é depois processada em ARNs CRISPR mais pequenos (crRNAs) que contêm as sequências espaçadoras.

3. Interferência:

Os crRNAs guiam a proteína Cas9 para o ADN viral correspondente durante as infecções subsequentes. A Cas9, uma endonuclease, introduz uma quebra de cadeia dupla no ADN viral, neutralizando assim a ameaça. No laboratório, os cientistas aproveitam este sistema concebendo RNAs-guia sintéticos (sgRNAs) que dirigem a Cas9 para sequências genómicas específicas, permitindo uma edição genética precisa. A versatilidade e a precisão do CRISPR-Cas9 fazem dele uma ferramenta inestimável para a manipulação genética.

Componentes CRISPR-Cas9

A técnica CRISPR-Cas9 é um mecanismo de modificação do genoma que coordena as proteínas para uma região exacta do genoma utilizando o ARN. O sistema é constituído por duas partes principais:

•**ARN CRISPR:** É uma molécula de ARN sucinta que se liga a essa sequência específica de ADN. Este componente é também conhecido como crRNA/ARN de reparação da cromatina.

•**Proteína Cas9:** Detecta e divide os ADNs alvo que têm afinidade com o ARN direcional utilizando o emparelhamento de bases.

Coletivamente, o ARN de reparação da cromatina e a proteína Cas9 induzem uma quebra de cadeia dupla no ADN. Os sistemas de reparação do ADN pré-instalados na célula podem então reparar os danos. Os processos de cura da célula podem ocasionalmente correr mal, o que pode resultar em mutações.

As bactérias ajudam a defesa da célula contra os vírus, altura em que o conceito CRISPR-Cas9 foi identificado pela primeira vez. A tecnologia é então modificada para permitir a utilização de genes de edição em várias formas de vida, como plantas, animais e pessoas.

Versões Cas9 e precisão

A proteína Cas9 aparece numa vasta gama, cada uma com um grau distinto de singularidade. A Streptococcus pyrogens Cas9, também conhecida como (SpCas9), que é exclusiva para uma cadeia específica de 20 nucleótidos de ADN, está entre as escolhas mais frequentemente utilizadas. No entanto, existem variações adicionais que são únicas com cadeias de ADN mais longas e curtas.

O ARNm controla o grau de seletividade da proteína Cas9. A estrutura de ADN alvo é concebida para funcionar em conjunto com o ARNm, enquanto a sua proteína Cas9 só pode ligar-se a estruturas de ADN que façam o mesmo.

Papel do CRISPR-Cas9 na ativação e silenciamento de genes

Através da sofisticada alteração das proteínas da Cas9, a CRISPR-Cas9 é também capaz de regular dinamicamente um gene alvo específico, para além das suas capacidades de edição do genoma. Ao desativar as regiões HNH e RuvC da endonuclease Cas9, os investigadores criaram uma sofisticada endonuclease Cas9 alterada, denominada dCas9 nuclease. No entanto, a atividade de acoplamento do ADN da dCas9 nuclease parece não ter sido afetada. O complexo CRISPR-dCas9 pode então ser criado combinando dCas-9 com um ativador de transcrição ou como um inibidor. Para ativar (CRISPRa) ou silenciar (CRISPRi) a expressão de um gene exato de interesse, pode ser implementada uma dCas-9 cataliticamente inerte. Ao associar um marcador, por exemplo, Proteínas Fluorescentes Verdes (GFP), às enzimas dCas9, o CRISPR-dCas9 pode ser utilizado para identificar e visualizar a localização exacta do gene de interesse na célula. Isto torna possível a utilização de loci autógenos em células vivas, permitindo a marcação e a imagiologia específicas do local. A Figura 1 explica o mecanismo do CRISPR-Cas9 durante a edição de genes.

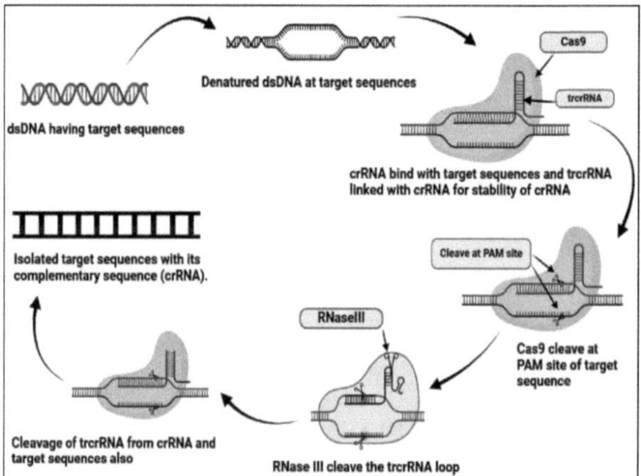

Figura 1. Mecanismo de edição do genoma editado por CRISPR-Cas9

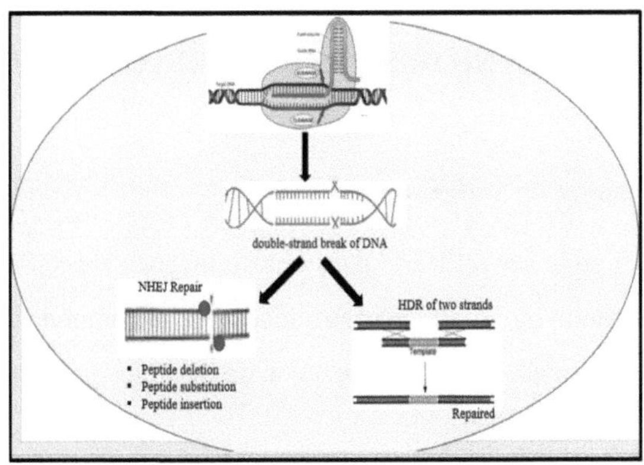

Figura 2: Mecanismos CRISPR-Cas9 de reparação de DSB

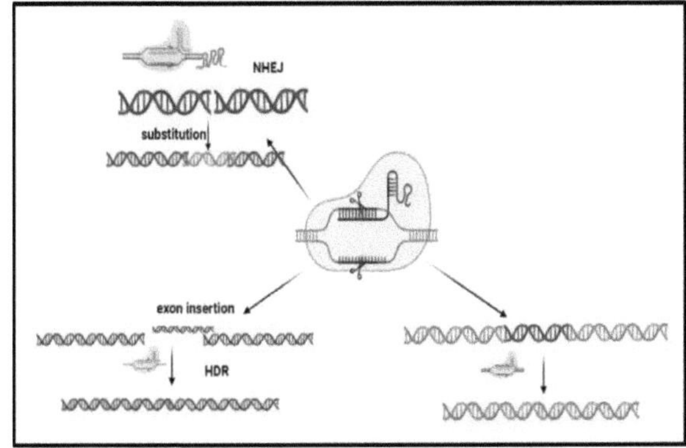

Figura 3: Estratégias para utilizar as potencialidades terapêuticas do CRISPR-Cas9

Pode ser possível criar novas vacinas contra vários tipos de doenças utilizando CRISPR-Cas9. O CRISPR-Cas9, por exemplo, pode ser utilizado para desenvolver imunização dirigida a micróbios específicos. As vacinas que se revelam mais eficientes e se concentram em doenças emergentes podem ser criadas utilizando CRISPR-Cas9.

IMPLICAÇÕES NO DESENVOLVIMENTO DE VACINAS

1. Descoberta rápida de antigénios:

O CRISPR-Cas9 pode ser utilizado para criar mutações específicas em agentes patogénicos, ajudando os investigadores a identificar e compreender a função de vários antigénios. Isto acelera a descoberta de novos alvos para vacinas.

2. Otimização do vetor viral:

A modificação genética de vectores virais, como os adenovírus utilizados na administração de vacinas, pode ser aperfeiçoada utilizando CRISPR-Cas9. Isto permite o desenvolvimento de vectores mais eficientes e mais seguros que provocam respostas imunitárias robustas.

3. Desenvolvimento de estirpes atenuadas:

Os métodos tradicionais de criação de vacinas vivas atenuadas envolvem mutações aleatórias, que podem ser imprevisíveis. O CRISPR-Cas9 permite a atenuação precisa dos agentes patogénicos, visando os genes de virulência, garantindo uma estirpe de vacina controlada e estável.

4. Plataformas de vacinas sintéticas:

A CRISPR-Cas9 facilita a construção de genomas sintéticos e a produção de partículas semelhantes a vírus (VLPs). Estas plataformas podem imitar o processo natural de infeção sem causar doenças, proporcionando uma forma segura e eficaz de estimular o sistema imunitário.

5. Vacinas personalizadas:

A tecnologia pode ser utilizada para adaptar as vacinas aos perfis genéticos individuais, aumentando a eficácia da vacina e reduzindo as reacções adversas. Esta abordagem é particularmente prometedora para doenças com uma variabilidade genética significativa entre as populações.

6. Reforço das respostas imunitárias:

A CRISPR-Cas9 pode ser utilizada para editar células imunitárias, como as células dendríticas ou as células T, para melhorar as suas capacidades de apresentação de antigénios ou para gerar respostas imunitárias mais fortes e duradouras. Isto é particularmente relevante para as vacinas contra o cancro e outras vacinas terapêuticas. Combater

7. Doenças Infecciosas Emergentes:

Face aos agentes patogénicos emergentes, o CRISPR-Cas9 permite o rápido desenvolvimento e teste de vacinas candidatas. A capacidade de editar rapidamente os genomas virais pode acelerar a geração de estirpes de vacinas que sejam eficazes contra novas variantes.

8. Considerações éticas e de segurança:

Embora o potencial do CRISPR-Cas9 no desenvolvimento de vacinas seja imenso, também levanta preocupações éticas e de segurança. É fundamental garantir um direcionamento preciso para evitar efeitos fora do alvo e abordar as potenciais consequências a longo prazo das modificações genéticas.

A tecnologia CRISPR-Cas9 oferece uma precisão e eficiência sem precedentes na edição genética, tornando-a uma ferramenta poderosa no desenvolvimento de vacinas novas e melhoradas. As suas aplicações vão desde a rápida descoberta de antigénios e a otimização de vectores virais até à criação de vacinas sintéticas e imunoterapias personalizadas. À medida que a investigação progride, o CRISPR-Cas9 está preparado para desempenhar um papel fundamental no tratamento de doenças infecciosas existentes e emergentes, melhorando, em última análise, a saúde pública global.

CONSTRUÇÕES COM DESENVOLVIMENTO DE VAGAS CONVENCIONAIS

Desvantagens e desafios dos métodos convencionais de fabrico de vacinas

- **Desvantagens dos métodos convencionais de fabrico de vacinas:** Os métodos clássicos de produção de vacinas têm contribuído substancialmente para a prevenção de doenças, mas apresentam alguns inconvenientes que afectam a sua eficácia, a sua escalabilidade e capacidade de resposta. Estas restrições incluem, entre outras:

i. **Limitação de tempo:** As técnicas tradicionais incluem frequentemente a cultura de microrganismos em células de cultura ou ovos, o que pode levar muito tempo. As reacções rápidas a novos agentes patogénicos ou surtos podem ser prejudicadas por este atraso.

ii. **Risco de contaminação:** Existe a possibilidade de degradação durante o cultivo de micróbios em ovos ou células, o que pode comprometer a segurança e a pureza da vacina. Podem ocorrer problemas de produção e rejeições de lotes.

iii. **Resiliência a variantes recentes:** Pode ser difícil utilizar técnicas normalizadas para criar vacinas contra estirpes novas e variantes de doenças. As actualizações têm frequentemente de recomeçar no início do ciclo de produção.

iv. **Armazenamento na cadeia de frio:** A maioria das vacinas tradicionais precisa de ser refrigerada ou congelada para ser conservada e enviada, o que apresenta problemas em locais com poucos recursos e infra-estruturas de cadeia de frio insuficientes.

v. **Rendimento imprevisível:** Devido à flutuação no desenvolvimento de agentes patogénicos e a outras circunstâncias, o resultado da produção de vacinas pode ser incerto.

- **Desafios dos métodos convencionais de fabrico de vacinas:**

i. **Doenças em desenvolvimento:** Tal como as crises do Zika e do Ébola demonstraram, é difícil reagir rapidamente a doenças novas ou recentemente detectadas, uma vez que as abordagens tradicionais são lentas.

ii. **Alerta para pandemias:** Durante as pandemias, os procedimentos normais teriam dificuldade em fornecer rapidamente doses suficientes, deixando as comunidades susceptíveis.

iii. **Mutação antigénica:** Os micróbios, como a gripe, sofrem alterações antigénicas rápidas, o que obriga a atualizar regularmente as vacinas que utilizam as técnicas tradicionais.

iv. **Equidade a nível mundial:** A escassez de vacinas em regiões com baixos rendimentos pode exacerbar as desigualdades na saúde mundial devido à dificuldade e ao preço da produção tradicional.

v. **Progresso na tecnologia:** As desvantagens das abordagens tradicionais levaram os investigadores a procurar outras tecnologias criativas e acessíveis de fabrico de vacinas.

Estratégias para acelerar a produção de vacinas

Recentemente, foram desenvolvidos métodos e tecnologias inovadores para acelerar a produção de vacinas e permitir reacções rápidas a doenças infecciosas recém-desenvolvidas. Estas estratégias utilizam metodologias de ponta para acelerar várias fases da investigação, desde a deteção de antigénios até aos testes clínicos. Eis algumas tácticas dignas de nota e possíveis fontes:

i. **Vacinas de ARNm:** as vacinas de ARNm, como as criadas durante a COVID-19, reflectem uma inovação no fabrico rápido de vacinas. Estas vacinas orientam as células para o fabrico de antigénios virais através de informação genética, o que estimula o sistema imunitário a reagir. A versatilidade do sistema permite ajustes rápidos para lidar com novas variedades.

ii. **Vacinas que utilizam vectores virais:** Os vectores virais, tais como os adenovírus, podem ser modificados para fornecer antigénios-alvo no interior das células. Este método tem sido utilizado para criar rapidamente vacinas contra doenças como o Ébola e a COVID-19.

iii. **Modelação computacional e IA:** As técnicas computacionais modernas, como as técnicas baseadas na IA, ajudam a prever possíveis candidatos à vacinação, a criar antigénios e a melhorar as formulações das vacinas, acelerando consideravelmente as fases iniciais da produção de vacinas.

iv. **Concursos de desafios em humanos**: Os estudos de exposição humana em ambientes controlados implicam a exposição intencional de voluntários a infecções para avaliar a eficácia da vacina. Estes estudos podem produzir dados importantes mais rapidamente, apesar dos seus difíceis requisitos éticos.

v. **Estabelecimento de colaborações:** Entre investigadores, governos e partes interessadas da indústria permite reacções sincronizadas a surtos. Reservas de vacinas para situações de pré-emergência. A rápida vacinação durante as epidemias é possível graças ao armazenamento pré-emergencial de vacinas.

1. CONCEPÇÃO DE VACINAS ATRAVÉS DA TÉCNICA CRISPR-CAS9

A CRISPR-Cas9, uma ferramenta revolucionária de edição do genoma, está a transformar o panorama da conceção e desenvolvimento de vacinas. Esta poderosa tecnologia permite a manipulação precisa do material genético, facilitando a criação de vacinas mais eficazes, mais seguras e mais rápidas de desenvolver. Se nos aprofundarmos nos princípios do CRISPR-Cas9, nas suas aplicações na conceção de vacinas e no potencial que encerra para o futuro da imunização.

Princípios do CRISPR-Cas9

A sigla CRISPR-Cas9 significa Clustered Regularly Interspaced Short Palindromic Repeats (Repetições Palindrómicas Curtas Regularmente Interespaçadas) e CRISPR-associated protein 9 (Proteína 9 associada à CRISPR). É derivada de um mecanismo de defesa natural encontrado em bactérias, que usam sequências CRISPR e proteínas associadas para atingir e cortar o ADN de vírus invasores.

Conceção do ARN guia (gRNA): Os cientistas concebem um ARN guia sintético que corresponde à sequência de ADN alvo no genoma do agente patogénico.

Ativação da proteína Cas9: A proteína Cas9, guiada pelo gRNA, liga-se à sequência de ADN específica.

Clivagem do ADN: A Cas9 introduz uma quebra de cadeia dupla no ADN no local alvo.

Reparação do ADN: Os mecanismos naturais de reparação da célula reparam a quebra, o que pode resultar na interrupção, inserção ou eliminação de genes, dependendo da modificação pretendida. Esta capacidade precisa de seleção e corte faz do CRISPR-Cas9 uma ferramenta inestimável para a engenharia genética, incluindo o desenvolvimento de vacinas.

Aplicações na conceção de vacinas

1. Identificação de alvos para vacinas: O CRISPR-Cas9 facilita a descoberta de novos antigénios ao permitir que os investigadores eliminem sistematicamente genes em agentes patogénicos e observem os efeitos na infecciosidade e na resposta imunitária. Isto ajuda a identificar proteínas e antigénios essenciais que podem ser alvo de vacinas.

2. Desenvolvimento de vacinas vivas atenuadas: Os métodos tradicionais de criação de vacinas vivas atenuadas envolvem a passagem do agente patogénico por culturas de células até se tornar menos virulento, um processo que pode ser imprevisível e demorado. O CRISPR-Cas9 permite uma atenuação precisa ao visar e desativar genes de virulência específicos, resultando num agente patogénico enfraquecido mas ainda capaz de provocar uma forte resposta imunitária.

3. Engenharia de vectores virais: Os vectores virais, tais como os adenovírus, são frequentemente utilizados para fornecer antigénios de vacinas. O CRISPR-Cas9 pode ser utilizado para modificar estes vectores, aumentando a sua capacidade de expressar antigénios e melhorando os seus perfis de segurança. Por exemplo, a tecnologia pode ser utilizada para remover genes patogénicos ou para inserir sequências que aumentem as respostas imunitárias.

4. Desenvolvimento de vacinas sintéticas: O CRISPR-Cas9 permite a construção de genomas sintéticos e partículas semelhantes a vírus (VLPs). Ao montar estas partículas para imitar a estrutura de vírus reais sem as suas propriedades patogénicas, os cientistas podem criar vacinas que estimulam com segurança uma resposta imunitária. Esta abordagem é particularmente útil para vírus que são difíceis de cultivar ou atenuar utilizando métodos tradicionais.

5. Vacinas personalizadas: As diferenças genéticas individuais podem afetar a forma como as pessoas respondem às vacinas. O CRISPR-Cas9 pode ser utilizado para adaptar as vacinas a indivíduos ou populações específicas, aumentando a eficácia e minimizando os efeitos adversos. Isto é especialmente

promissor no contexto das vacinas contra o cancro, em que os antigénios específicos do tumor podem ser visados.

6. Melhorar a resposta imunitária: O CRISPR-Cas9 pode ser utilizado para editar células imunitárias de modo a melhorar a sua funcionalidade. Por exemplo, as células dendríticas ou as células T podem ser geneticamente modificadas para melhorar as suas capacidades de apresentação de antigénios ou para produzir respostas imunitárias mais robustas. Esta técnica está a ser explorada no desenvolvimento de vacinas terapêuticas contra o cancro e as infecções crónicas. 7. Resposta rápida a agentes patogénicos emergentes: A capacidade de conceber e testar rapidamente modificações CRTSPR-Cas9 significa que as vacinas podem ser desenvolvidas mais rapidamente em resposta a doenças infecciosas emergentes. Esta capacidade de resposta rápida foi demonstrada durante a pandemia de COVID-19, em que as vacinas de ARNm foram desenvolvidas e aplicadas em tempo recorde.

Desafios e considerações éticas

Embora o potencial da CRTSPR-Cas9 no desenvolvimento de vacinas seja imenso, há vários desafios e considerações éticas que devem ser abordados:

1. **Efeitos fora do alvo:**

A CRTSPR-Cas9 pode, por vezes, cortar o ADN em sítios não pretendidos, conduzindo a efeitos fora do alvo que podem potencialmente causar consequências indesejadas. Garantir uma elevada especificidade e minimizar estes efeitos é crucial para a aplicação segura da tecnologia.

2. **Segurança a longo prazo:**

Os efeitos a longo prazo das modificações genéticas efectuadas com CRTSPR-Cas9 ainda não são totalmente conhecidos. São necessários testes e monitorização rigorosos para garantir que estas alterações não têm efeitos adversos ao longo do tempo.

3. Preocupações éticas:

A capacidade de editar genes levanta questões éticas sobre até que ponto esta tecnologia deve ser utilizada, particularmente no contexto da modificação genética humana. O envolvimento do público e os quadros éticos são essenciais para orientar a utilização responsável da CRTSPR-Cas9.

4. Obstáculos regulamentares:

Os processos de aprovação regulamentar de vacinas geneticamente modificadas podem ser complexos e demorados. A simplificação destes processos, garantindo ao mesmo tempo a segurança e a eficácia, é fundamental para a disponibilização atempada de novas vacinas.

1.1. Utilização do CRISPR-Cas9 para conceber vacinas

A precisão da tecnologia CRISPR-Cas9 na edição do genoma tem o potencial de transformar o desenvolvimento de vacinas. Esta técnica oferece formas criativas de produzir vacinas que podem ser mais fiáveis e eficientes através da modificação do genoma. Apresentamos de seguida alguns métodos de utilização da CRISPR-Cas9 para o desenvolvimento de vacinas e fontes prospectivas:

i. **Conceção e escalonamento de antigénios**: O CRISPR-Cas9 pode ajudar na criação de antigénios de vacinas que sejam óptimos. Os profissionais podem alterar os anticorpos bacterianos ou virais para aumentar a resposta imunitária global, o que pode resultar em respostas imunitárias robustas e específicas.

ii. **Reforço da apresentação do antigénio:** A técnica pode ser aplicada para aumentar a apresentação do antigénio nas células imunitárias, melhorando a capacidade do sistema imunitário para os reconhecer e aumentar a eficácia da vacina.

iii. **Engenharia de vectores de vacinas:** Para melhorar a eficácia e a imunogenicidade dos vectores de vacinação, como os vírus, o CRISPR-Cas9 permite a personalização. Como resultado, os antigénios podem ser entregues a células específicas de forma mais eficaz.

iv. **Vacinas com vários determinantes:** As vacinas com vários epítopos que contêm várias áreas antigénicas de um agente infecioso podem ser criadas com a ajuda da CRISPR-Cas9. Esta estratégia pode melhorar a capacidade da vacina para suscitar respostas imunológicas alargadas.

v. **Testemunho do alvo da vacina:** Ao introduzir deleções de genes ou knock-ins em modelos animais e ao analisar os efeitos na vulnerabilidade patogénica e nas respostas imunológicas, o CRISPR-Cas9 será utilizado para verificar possíveis alvos de vacinas.

1.2. Procedimentos envolvidos na utilização da CRISPR-Cas9 para a criação de vacinas São implementados vários procedimentos explícitos quando se utilizam técnicas CRTSPR-Cas9 na criação de vacinas. Com o objetivo de melhorar a imunidade e a eficácia da vacina. Esta estratégia permite a precisão na criação de vacinas, desde a escolha dos antigénios relevantes até à otimização da sua apresentação. Segue-se um esboço das etapas, juntamente com várias fontes prováveis:

i. **Seleção de antigénios:** A seleção de anticorpos adequados do agente patogénico alvo deve ser a ação inicial a tomar. Espera-se que esses antigénios sejam vitais para a sobrevivência do agente patogénico e contribuam para uma forte resposta imunitária.

ii. **Otimização e modificação de antigénios:** Utilizar CRTSPR-Cas9 para tornar os antigénios escolhidos mais imunogénicos. Isto pode implicar a adição de deleções, alterações ou mutações específicas para melhorar a forma como são apresentados ao sistema imunitário.

iii. **Inserção de epítopos:** A CRTSPR-Cas9 pode ser utilizada para introduzir adjuvantes de epítopos que podem melhorar a resposta do sistema imunitário. Este processo aumenta a potência da vacina ao desencadear uma resposta imunitária maior e mais forte.

iv. **Otimização da apresentação de antigénios:** Para melhorar o manuseamento e a apresentação de antigénios, as células de apresentação de antigénios alteradas utilizam CRTSPR-Cas9. O reconhecimento eficaz das células imunitárias é assegurado por esta fase.

v. **Qualificação e inspeção pré-clínicas:** As estruturas pré-clínicas são utilizadas para testar a imunogenicidade, o risco e a eficácia das vacinas candidatas concebidas. Antes de iniciar os ensaios clínicos da vacina, esta fase oferece informações sobre o seu potencial.

ANTTGEN DESENVOLVIMENTO VTA CRTSPR-CAS9

Para maximizar o potencial de imunidade e a eficácia das vacinas, a engenharia de antigénios é uma componente crucial do processo de criação de vacinas. Apesar da sua precisão na modificação genómica, o sistema CRISPR-Cas9 fornece um método revolucionário para modificar antigénios para melhorar as respostas imunitárias. Esta secção aprofunda o complexo campo da engenharia de antigénios, demonstrando a aplicação ponderada do CRISPR-Cas9 para alterar componentes antigénicos e esclarecendo casos de sucesso de uma variedade de doenças.

Exploração do CRTSPR-Cas9 para a modificação de antigénios:

A modificação de características antigénicas com CRISPR-Cas9 é possível de várias formas. A eliminação do antigénio constitui uma determinada abordagem. Esta será conseguida através da utilização da ferramenta CRISPR-Cas9 para atingir especificamente a porção de ADN que codifica o antigénio. O pedaço de ADN que codifica um antigénio será destruído pela célula, pelo que esse antigénio não poderá ser gerado.

Ao adicionar alterações ao antigénio, a CRISPR-Cas9 também pode alterar as características antigénicas. O seguinte pode ser realizado empregando a técnica CRISPR-Cas9 à sequência de ADN focada que codifica o antigénio, seguida da utilização do modelo de reparação para inserir mutações no ADN. As mutações podem ser planeadas para aumentar a imunogenicidade do antigénio ou diminuir a sua propensão para sofrer mutações.

Em seguida, serão inseridos genes adicionais no antigénio utilizando CRISPR-Cas9. Isto pode ser conseguido através da utilização do sistema CRISPR-Cas9 para atingir a porção de ADN que codifica o antigénio, seguido da utilização de um modelo de edição para introduzir um novo gene no ADN. Pode ser criado um novo gene para aumentar a imunogenicidade do antigénio ou para aumentar a sua especificidade para uma determinada estirpe da doença. A capacidade do CRISPR-Cas9 para modificar com precisão o ADN oferece uma possibilidade, até agora desconhecida, de alterar deliberadamente os componentes antigénicos. Para melhorar a apresentação de antigénios, a identificação de epítopos e a ativação imunitária total, é utilizada uma orquestração complexa de alterações genéticas no processo. Utilizando o CRISPR-Cas9, os cientistas podem modificar as características funcionais e estruturais dos antigénios a nível molecular, de modo a desencadear respostas imunitárias poderosas.

•**As tácticas de modificação abrangem uma série de tópicos:**

i. **Melhoria de epítopos:** O sistema CRISPR-Cas9 permite a inclusão, remoção ou substituição de epítopos nos antigénios. Esta melhoria reforça a individualidade da resposta imunitária e melhora a consciência imunológica.

ii. **Integração de adjuvantes:** A aplicação de CRISPR-Cas9 para integrar adjuvantes ou compostos estimulantes imunológicos pode impulsionar a ativação imunitária e aumentar a eficácia da vacinação.

iii. **Melhorar a apresentação do antigénio:** Alterações genéticas precisas podem melhorar a forma como os antigénios são apresentados no complexo principal de histocompatibilidade, também conhecido como moléculas MHC, levando a um reconhecimento eficaz por parte das células imunitárias.

Exemplos bem sucedidos de engenharia de antigénios

O CRISPR-Cas9 tem sido utilizado com sucesso para gerar antigénios numa variedade de doenças diferentes:

•**Gripe:** As vacinas contra novas estirpes do vírus foram melhoradas utilizando a tecnologia CRISPR-Cas9. Por exemplo, num estudo, os cientistas utilizaram a CRISPR-Cas9 para tornar o vírus da gripe incapaz de produzir a proteína hemaglutinina (HA). Uma vez que o alvo principal do sistema imunitário é a proteína HA, a sua eliminação tornou a vacina menos mutagénica. Em testes com animais, a vacina teve um desempenho melhor do que uma vacina convencional contra a gripe.

•**Malária:** O CRISPR-Cas9 foi utilizado para criar vacinas contra a malária com maior proteção contra o parasita. Por exemplo, o CRISPR-Cas9 foi utilizado num estudo para erradicar a proteína circumsporozoíta (CSP) no parasita da malária. Uma vez que o seu alvo principal é a CSP, a sua eliminação tornou a vacinação menos mutagénica. Em testes com animais, a vacina teve um desempenho melhor do que a vacina convencional contra a malária.

• **Iv:** O CRISPR-Cas9 foi utilizado com sucesso para criar vacinas contra o vírus que se revelaram mais eficazes. Por exemplo, num estudo, os cientistas utilizaram a CRISPR-Cas9 para erradicar a proteína do envelope do vírus VIH (Env). Uma vez que o alvo principal do sistema imunitário é a proteína Env, a sua eliminação tornou a vacina menos mutagénica. Em testes com animais, a vacina teve um desempenho melhor do que uma vacina convencional contra o VIH.

•**Vírus Zika:** As vacinas contra este vírus, que são mais eficazes contra a infeção, foram criadas utilizando CRISPR-Cas9. Por exemplo, num estudo, os cientistas utilizaram o CRISPR-Cas9 para erradicar a proteína do envelope (E) do vírus Zika. Uma vez que o foco principal do sistema imunitário é a proteína E, a sua eliminação tornou a vacina menos mutagénica. Em testes com animais, a vacina teve um desempenho melhor do que uma vacina convencional contra o vírus Zika.

SISTEMAS PARA ELIMINAR OS VÁCUOS MEDIADOS POR CRTSPR-CAS9

Atualmente, os investigadores utilizam um amplo espetro de proteínas Cas9 de várias estirpes bacterianas para melhor atingir os seus objectivos de investigação. A aplicação da abordagem CRISPR-Cas9 ao desenvolvimento de vacinas tem a capacidade de transformar as respostas imunológicas ao permitir modificações específicas dos genes. Para utilizar com êxito as vacinas concebidas por CRISPR-Cas9, são necessários métodos de entrega eficientes que possam transportar o seu material genético através das células-alvo. Esta secção apresenta uma análise aprofundada das várias estratégias de administração utilizadas para introduzir vacinas modificadas por CRISPR-Cas9. É difícil fornecer um sistema de CRISPR-Cas9 para efetuar uma edição genética eficaz. O longo núcleo de fosfato do sgRNA confere uma carga global negativa ao composto RNP quando a proteína Cas9, que tem um peso molecular estimado em 160 kDa, o forma. O RNP Cas9 tem dificuldade em atravessar a membrana celular devido a cada uma destas características. Além disso, para que a edição de genes seja possível no interior das células, a proteína Cas9, juntamente com o sgRNA, tem de atravessar os processos de degradação da célula e migrar para o núcleo. Consequentemente, a seleção de um método de entrega adequado para utilizar a ferramenta CRISPR-Cas9 é essencial para uma edição de genes eficaz e precisa. Com base na transdução viral, as técnicas de entrega CRISPR-Cas9 podem atualmente ser divididas em formas virais e não virais. A estratégia não-viral utiliza uma série de formas químicas e físicas diferentes de entrega. Cada uma destas técnicas tem vantagens e inconvenientes que devem ser tidos em conta para cada aplicação de edição de genes.

Diferentes sistemas de distribuição

• **Vectores virais**

Os vírus adeno-associados (AAV) utilizam normalmente vectores virais para a entrega de genes. Existe um grande interesse no potencial dos AAV como veículos de entrega, em particular entre as aplicações in vivo, devido às suas características especiais, como a defetividade da replicação, a não integração no genoma e a imunogenicidade limitada nos indivíduos. Os genomas dos AAV persistem de forma episomal no núcleo após a transdução, onde acabam por ser eliminados através da divisão celular. Consequentemente, o método seguro de expressão genética transitória oferecido pela transferência episomal de transgenes por AAV. Os AAV podem distribuir CRISPR-Cas9 de duas formas diferentes. Em primeiro lugar, os AAV têm a capacidade de transduzir Cas9, sgRNAs e um modelo de dador para as células, permitindo a edição de genes in vivo e in vitro. Os AAVs são especialmente úteis para fins in-vitro, quando a integração genómica levanta questões de segurança ou a electroporação não é um método viável. A sua utilidade é limitada pela sua pequena capacidade de clonagem de 4,7 kb. Esta questão foi abordada num estudo que editou com sucesso genes utilizando vectores AAV distintos em Cas9 e sgRNA juntamente com ADN do dador para tratar doenças metabólicas do fígado. Devido ao seu tamanho (-4,2 kb), a Cas9 estreptocócica é difícil de entregar por AAVs, favorecendo uma estirpe mais pequena de Cas9 de Staphylococcus aureus (SaCas9; -3,15 kb). Em segundo lugar, os vectores AAV são mais eficazes do que as técnicas não virais quando aplicados como padrões dadores em knockins genéticos mediados por HDR. Os transgenes extensos podem ser divididos em dois vectores AAV, o que permite a recombinação idêntica consecutiva e diminui a restrição da capacidade de clonagem dos AAV. No entanto, os AAVs são ineficazes nos genes alvo; em circunstâncias ideais, apenas 0,1% a 1% das células sofrem recombinação homóloga direccionada. Outro vetor viral para a administração de CRISPR-Cas9 são os lentivírus (LV). A capacidade de clonar

Cas9 e sgRNA num vetor LV é possível graças à maior capacidade de clonagem (<8 kb) dos vectores LV em comparação com os vectores AAV. Em comparação com o fabrico de AAV, o fabrico de LV pode ser menos moroso. Tanto as células em proliferação como as que não se dividem de uma vasta gama de tipos de células apresentam níveis significativos de eficiência de transdução de LV. Estas vantagens mostram que os vectores LV constituem o melhor método de administração para aplicações in vitro e ex vivo. No entanto, o principal problema dos sistemas LV é a sua incorporação imprevisível no genoma da célula hospedeira. Os oncogenes podem ser activados em resultado da integração dos LV quando estão próximos uns dos outros, o que pode provocar o desenvolvimento de tumores. Este facto dificulta a entrega de CRTSPR-Cas9 por LV em estudos clínicos para a modificação in vivo de genes. A criação de LV com plasmídeos mutantes que expressam integrase pode melhorar a eficácia da transdução por LV.

Em comparação com outras abordagens, a entrega eficiente de CRTSPR-Cas9 por vectores virais produz frequentemente uma maior proporção de edição. Embora isto seja principalmente benéfico em alguns estados de doença, como doenças da retina e lesões da coluna vertebral, apenas uma pequena quantidade de alteração ou reprogramação numa pequena percentagem das células pode ter efeitos terapêuticos. Por conseguinte, uma edição excessiva pode representar um risco de segurança em determinadas circunstâncias. Com base em cada situação de doença, deve ser tida em conta a eficácia da edição genética necessária.

- **Processo físico não viral**

O Cas9 e os sgRNAs podem ser fisicamente injectados no interior das células utilizando um microscópio e uma agulha - este processo é designado por microinjecção. Isto não é um problema com a microinjecção, uma vez que a agulha penetra na membrana da célula e injecta as cargas diretamente no núcleo da Cas9, o que é um inconveniente na entrega mediada por vectores virais devido à sua insuficiente capacidade de clonagem. Além disso, a injeção manual permite uma dosagem precisa da carga nas células. A microinjecção tem um fraco rendimento devido à sua natureza fastidiosa e às dificuldades técnicas. Além disso, esta abordagem não pode ser utilizada em doentes in vivo porque uma injeção requer um microscópio. A maioria das aplicações de microinjecção envolve a criação de organismos modelo transgénicos utilizando zigotos de animais.

i. Electroporação: É uma forma popular de administração física. Utiliza impulsos de corrente eléctrica para promover a breve expansão de poros nas membranas celulares, permitindo a entrada de carga nas células. Uma vez que transporta com sucesso cargas para uma vasta gama de tipos de células, a electroporação é amplamente utilizada in-vitro e ex-vivo para editar genes. Isto é preferível aos procedimentos normais de transfecção, que são tipicamente dificultados em tipos de células difíceis de transfectar, como as células primárias. Com efeito, a edição de genes ex-vivo por electroporação contribuiu para o avanço das terapias baseadas em células estaminais, nomeadamente para a cura de doenças hematológicas malignas. Apesar de os electroporadores in-vivo estarem agora acessíveis e se ter afirmado que realizam eficazmente a edição de genes em animais, a utilização da electroporação em seres humanos com modificação de genes in-vivo ainda não é amplamente aceite. Além disso, o custo do método de electroporação para a edição de genes é muitas vezes substancial, uma vez que é necessária uma otimização extensiva das proporções de Cas9 e sgRNA e de definições específicas de electroporação para cada tipo de célula. Mais importante ainda, a elevada corrente eléctrica criada pela electroporação conduz a uma quantidade significativa de morte celular, mostrando que o procedimento pode não ser ideal para tipos de células sensíveis ao stress.

- **Processo químico não viral**

i. Nanopartículas à base de lípidos (LNPs)

As nanopartículas lipídicas (LNPs) são amplamente utilizadas para a libertação de ácidos nucleicos. Os lipossomas, estruturas esféricas geradas em soluções aquosas por bicamadas lipídicas, são repelidos pela carga negativa dos ácidos nucleicos ao longo das membranas celulares, impedindo a entrada de ácidos nucleicos no interior das células. Os ácidos nucleicos de carga negativa encapsulados em lipossomas de carga positiva aumentam a ligação complicada através das membranas celulares, permitindo a absorção celular. Os métodos CRISPR-Cas9 podem ser fornecidos sob a forma de ADN, ARNm ou proteína. A lipofectamina é atualmente uma alternativa importante para a produção de LNP. A capacidade de edição de genes CRISPR-Cas9 foi estabelecida in vitro e in vivo utilizando a transferência de lipofectamina. Os agentes poliméricos não-lipídicos, como a polietilenoimina e a poli-L-lisina, podem ser utilizados para transportar a carga CRISPR-Cas9 utilizando nanopartículas. As cargas CRISPR-Cas9 são encapsuladas em compostos com carga positiva por estes agentes, permitindo a endocitose celular. Quando comparada com a electroporação, esta abordagem garante a segurança e minimiza o stress celular. As experiências clínicas utilizaram moléculas de lípidos e polímeros para transmitir CRISPR-Cas9 para uma variedade de doenças. No entanto, este método, que se baseia principalmente na via endossómica, é menos eficiente do que a transformação viral e a electroporação. A transfecção química, por exemplo, resulta em <10% de eGFP nas células estaminais de embriões humanos, com uma expressão decrescente após a divisão celular. Este constrangimento limita a técnica a determinados tipos de células.

ii. Nanopartículas à base de polímeros

Os polímeros catiónicos apresentam uma maior variedade de produtos químicos e potencial multifuncional do que os transportadores de lípidos catiónicos, permitindo mais opções para a conceção variável de estruturas. As nanopartículas catiónicas de polímeros têm sido amplamente utilizadas para transportar várias formas de ácidos nucleicos, como o ADN viral plasmídico e o ARNm. Os polímeros catiónicos, como a polietilenoimina e o quitosano, parecem ser os transportadores CRISPR-Cas9 mais utilizados. O transporte de nanopartículas poliméricas, tal como os transportadores lipídicos, pode atravessar a membrana por endocitose e proteger as cargas embaladas da reação imunitária e da destruição por nuclease. Os plasmídeos Cas9 ou sgRNA misturados com copolímeros atingiram cerca de 60% de atividade Cas9 e eliminaram até 35% dos genes que codificam a quinase polo-like. A entrega de CRISPR-Cas9 que é adaptada e consciente do ambiente reduz drasticamente os efeitos fora do alvo. Os investigadores criaram um nanocarreador de polímero de distribuição multifásica (MDNP) que reage ao ambiente ligeiramente ácido do tumor, resultando num transporte do sistema CRISPR-Cas9 centrado no tumor. O invólucro de um polímero reativo no núcleo do MDNP pode reagir ao microambiente do tumor, permitindo que o MNDP ultrapasse numerosos obstáculos fisiológicos e possibilite a administração orientada do CRISPR-Cas9 para suprimir o crescimento do tumor.

iii. Nanopartículas de ouro

As Cas9 RNPs podem ser distribuídas de forma eficiente utilizando nanopartículas de ouro (AuNPs) para edição de genes. Como as AuNPs são quimicamente inertes, não provocam uma resposta imunológica após a administração, o que aumenta o seu perfil de segurança. As AuNPs (15 nm) são primeiro acopladas a sequências de ADN de cadeia simples editadas com tiol 5' hibridizadas com dadores de ADN de cadeia simples na técnica CRISPR-Gold estabelecida por Lee et al. Os RNPs Cas9 são depois carregados no ADN dador antes de serem revestidos com grânulos inteiros de silicato com o polímero PAsp(DET). A CRISPR-Gold demonstrou produzir HDR nas linhas celulares com células principais com 4% de eficiência. Estes resultados sugerem que os CRTSPR-Gold são mais eficazes para iniciar a HDR in-vitro do que a transfecção com Lipofectamina e a nucleofecção.

Desafios e progressos no fornecimento de vacinas

* **Desafios**

i. **Impactos fora do alvo:** Os impactos fora do alvo a nível do genoma e das células suscitam preocupações substanciais a nível da aplicação clínica. Embora as novas técnicas CRTSPR estejam a abordar as dificuldades fora do alvo a nível genético. Os impactos fora do alvo a nível celular são sobretudo determinados pela especificidade do sistema de entrega.

ii. **Entrega imprecisa:** Continua a ser difícil alcançar a exclusividade na abordagem do interesse celular, contornando o tecido normal. A entrega inespecífica é difícil de evitar em seres vivos, uma vez que os tecidos são englobados por células típicas, resultando em efeitos fora do alvo.

iii. **Conceção que reage ao estímulo:** É difícil criar sistemas eficientes de reação a estímulos para ativar genes de edição em tecidos alvo. É necessária uma conceção cuidadosa para garantir a especificidade e a segurança do alvo quando se utilizam estímulos locais, como o pH ou a luz.

iv.**Ingestão de células imunitárias:** A ingestão inespecífica de transportadores através de células do sistema imunitário pode resultar em mutações não intencionais e reacções imunológicas relativamente à proteína Cas9. Manter a absorção inespecífica afastada é uma dificuldade para garantir a segurança dos métodos de entrega de edição de genes.

v. **Modo de administração:** É vital escolher o melhor canal de administração para a administração de Cas9 ou sgRNA. Embora a infusão sistémica permita uma deposição substancial nos tecidos, o potencial de edição inadvertida de genes em órgãos essenciais aumenta devido à dispersão extensiva.

vi.**Acompanhamento dos impactos sistémicos:** É difícil desenvolver ferramentas eficazes para detetar e rastrear os efeitos de alteração pós-terapêutica, mesmo que sejam alterações ligeiras na genética de órgãos-chave. Os rápidos avanços na tecnologia de sequenciação de genes são muito promissores neste domínio.

vii. **Eficácia da ribonucleoproteína:** É difícil obter uma carga adequada da ribonucleoproteína Cas9 em transportadores como os lipossomas e os polímeros. O aumento da eficiência pode aumentar a eficácia da edição de genes.

viii. **Imunogenicidade da proteína Cas9:** A imunogenicidade intrínseca da Cas9 levanta questões. Os supressores imunológicos e as abordagens de indução de tolerância estão a ser investigados como formas de reduzir as reacções imunitárias à Cas9 estranha.

* **Avanços futuros**

A integração da CRTSPR-Cas9 na conceção de vacinas está ainda na sua fase inicial, mas o futuro reserva possibilidades interessantes:

1. **Descoberta alargada de antigénios:** À medida que as técnicas CRTSPR-Cas9 continuam a melhorar, podemos esperar que seja descoberta uma gama mais vasta de antigénios, o que conduzirá a vacinas mais eficazes para uma variedade de doenças.

2. **Vacinas universais:** Os investigadores estão a explorar o potencial de criação de vacinas universais, como uma vacina universal contra a gripe, visando regiões conservadas do vírus que são menos propensas a mutações.

3. **Plataformas de vacinas melhoradas:** A combinação da CRTSPR-Cas9 com outras tecnologias, como o mRNA e os sistemas de entrega de nanopartículas, poderá resultar em plataformas de vacinas altamente eficientes e adaptáveis, capazes de responder a diversos agentes patogénicos.

4. **Impacto na saúde mundial:** A capacidade de desenvolver e implementar rapidamente vacinas utilizando a CRTSPR-Cas9 pode melhorar significativamente os resultados a nível mundial em termos de saúde, nomeadamente em resposta a pandemias e doenças infecciosas emergentes.

5. **Melhoria da precisão:** Devem ser envidados esforços no sentido de aumentar a precisão dos métodos de administração da edição de genes. As técnicas

inovadoras de alvo e as combinações de ligandos podem proporcionar uma entrega mais exacta, diminuindo simultaneamente o efeito de não visar o alvo.

6. **Reatividade aos estímulos:** Um estudo mais aprofundado sobre as tecnologias de reação a estímulos tem o potencial de melhorar a edição genética orientada. O desenho deve ser optimizado para atingir a especificidade e a segurança na reação a estímulos localizados.

7. **Evitar as células** imunitárias: Ao desenvolver formas de limitar a absorção dos transportadores pelas células imunitárias, como a alteração do PEG e a decoração da proteína CD47, os efeitos imunológicos fora do alvo podem ser reduzidos.

8. **Medicação localizada:** O destaque dado à utilização de métodos locais, como a injeção intratumoral, pode proporcionar um método de administração mais seguro e eficiente, especialmente para determinados tipos de doença.

9. **Monitorização sistemática:** Será necessário um controlo sistemático para garantir a segurança dos medicamentos de edição do genoma. Para tal, será necessário o desenvolvimento de testes sofisticados para monitorizar os impactos sistémicos fora do alvo e as alterações genéticas modestas em órgãos-chave.

10. **Mitigação da imunogenicidade:** A investigação de técnicas para reduzir as reacções imunitárias à proteína Cas9, como a administração partilhada com imunossupressores, pode melhorar a segurança da administração da edição genética.

11. **Avanço das Vesículas Extracelulares:** A resolução de problemas de variabilidade e caraterização em vectores naturais derivados de vesículas extracelulares pode conduzir a plataformas de edição de genes mais seguras e eficazes para entrega.

CONSIDERAÇÕES ÉTICAS E DE SEGURANÇA

• Preocupações com a segurança

A excelente garantia do método CRISPR-Cas9 para o desenvolvimento de vacinas é acompanhada por uma necessidade urgente de lidar com os aspectos de segurança inerentes associados à sua implementação. À medida que os especialistas expandem as fronteiras da engenharia genética para gerar vacinas da próxima geração, é necessária uma análise exaustiva dos possíveis riscos de segurança para garantir o desenvolvimento responsável desta importante tecnologia.

i. **Consequências fora do alvo:** A probabilidade de efeitos fora do alvo é um dos problemas de segurança mais graves associados à criação de vacinas mediadas por CRISPR-Cas9. Embora os métodos CRISPR contemporâneos tenham sido concebidos para reduzir as ocorrências fora do alvo, a natureza imprevisível da edição de genes em contextos biológicos complexos suscita preocupações quanto a alterações genéticas inesperadas. Para minimizar os problemas de saúde imprevistos, é fundamental garantir uma avaliação exaustiva e a redução dos impactos fora do alvo.

ii. **Imunogenicidade e reacções alérgicas:** A incorporação de material genético único em vacinas utilizando a tecnologia CRISPR-Cas9 pode resultar em respostas do sistema imunitário ou reacções a alergénios em pessoas vacinadas. A identificação de material genómico estranho pelo sistema imunitário pode resultar em respostas imunológicas inesperadas, afectando a eficácia e a segurança da vacinação. É necessária uma vigilância apertada e uma investigação pré-clínica alargada para determinar as possíveis respostas imunológicas e os seus efeitos.

iii. **Mutações de inserção:** Quando a tecnologia CRISPR incorpora material genético no gene do hospedeiro, ocorrem problemas de mutação de inserção. A interrupção não intencional de actividades celulares normais ou a indução de oncogenes pode resultar em consequências indesejáveis para a saúde. É necessário um exame exaustivo dos pontos de integração genética e do seu possível impacto para garantir a segurança das vacinas modificadas.

iv.**Impactos a longo prazo:** Uma vez que as vacinas arbitradas por CRISPR-Cas9 modificam a informação genética, a possibilidade de impactos duradouros e a hereditariedade devem ser consideradas. Para garantir que as alterações induzidas pela vacinação não terão implicações inesperadas nas gerações seguintes, é necessária muita investigação e reflexão.

v. Risco de mutação do P53: O DSB mediado pelo CRISPR-Cas9 desencadeia a resposta de ADN danificado induzida pelo p53 e interrompe o ciclo celular, podendo mesmo ser letal para as células estaminais totipotentes. O supressor de tumores p53 é inibido, o que limita a resposta aos danos e aumenta o ritmo da recombinação homóloga a partir de um modelo derivado de um dador. Uma vez que as células cuidadosamente corrigidas com CRISPR-Cas9 podem incluir p53 alterado, é necessário avaliar o papel do p53 nas células com edição genética.

- **Questões bioéticas**

A comunidade científica e a indústria ligada ao sector reconhecem universalmente a CRISPR-Cas9 como uma das descobertas mais importantes do século XXI. A rápida emergência do CRISPR-Cas9, por outro lado, criou novos desafios bioéticos, sociais e jurídicos nos domínios do ambiente, dos cuidados de saúde, da agricultura, da pecuária e da medicina.

i. **Desequilíbrio no ecossistema:** As consequências não-alvo da modificação do genoma por RNA utilizando CRISPR-Cas9 devem ser investigadas em pormenor.

As mutações fora do alvo podem desenvolver-se quando a deriva genética continua ao longo das gerações. A transferência de sequências controladas para diferentes espécies suscita preocupações quanto à transmissão de características prejudiciais. A disseminação dos genes pelas populações pode dificultar a regulação de consequências não intencionais, intensificando os desequilíbrios ecológicos.

ii. **Regulamento do consumidor**: A capacidade do CRTSPR-Cas9 para produzir alterações genéticas desafia a legislação pós-laboratorial dos OGM, ou organismos geneticamente modificados, no mercado. Os organismos reguladores, como a FDA e a EMA, têm dificuldade em determinar se os OGM são seguros para os consumidores. A influência da CRTSPR-Cas9 no mercado em crescimento é imprevisível, o que aumenta os dilemas legislativos.

iii. **Melhoria na edição de genes:** O uso de CRTSPR-Cas9 em células germinativas humanas é restrito devido a preocupações de segurança. A Tt é utilizada para conferir características desejáveis em células somáticas, apresentando preocupações éticas. Esta tecnologia tem o potencial de melhorar o desempenho atlético, alterar o comportamento e mitigar a dependência. As questões de consentimento ocorrem quando os genes são editados através do desenvolvimento do zigoto, permitindo que os pais tomem decisões sobre as crianças. A nível social, as pessoas geneticamente melhoradas podem beneficiar, dando origem a intensos debates morais e sociais sobre a utilização ética da CRTSPR-Cas9 para o melhoramento genético.

iv. **CRISPR-Cas9 na linha germinal humana:** A aplicação do CRTSPR-Cas9 para a modificação genética na linha germinal humana causou um intenso debate ético. Antes de 2015, a edição de genes era apenas utilizada para fins terapêuticos em células somáticas. No entanto, a edição da linha germinal de Huang utilizando CRTSPR-Cas9 em 2015 criou novos dilemas morais, sociais e bioéticos. Estes desafios decorrentes da edição do genoma da linha germinal podem ser divididos em duas categorias com base nos resultados dos esforços das tecnologias de edição.

<h1 style="text-align: center;">ESTUDO DE CASO</h1>

- **Desenvolvimento de vacinas CRISPR-Cas9 contra certos agentes patogénicos.**

i. **Vírus da gripe:** A investigação provou a utilização dos métodos CRISPR-Cas9 no fabrico de vacinas contra a gripe. Criaram um vírus da gripe suprimido através da eliminação de um gene crítico necessário para a replicação do vírus utilizando CRISPR-Cas9. Este vírus mutante funcionou como um possível candidato a vacina, demonstrando em modelos animais que era seguro e capaz de gerar uma resposta imunitária protetora.

ii. **Bactéria da tuberculose:** Para produzir uma melhor vacina contra a tuberculose, os investigadores utilizaram o método CRISPR-Cas9 para isolar um determinado gene no interior da bactéria Mycobacterium tuberculosis. O estudo tinha como objetivo reduzir a patogenicidade da bactéria através da modificação genética. As bactérias modificadas mostraram potencial para serem um candidato a vacina contra a tuberculose em cultura viva mais seguro e eficiente, reduzindo a sua virulência.

iii. **Malária:** Utilizando a tecnologia CRISPR-Cas9, os investigadores fizeram progressos significativos no desenvolvimento de uma vacina contra a malária. A sua estratégia centra-se na proteína circumsporozoíta (CSP), necessária para que o parasita da malária se infiltre nos glóbulos vermelhos. As experiências com ratinhos revelaram resultados promissores, o que levou à continuação da investigação clínica em seres humanos. Esta nova vacina tem o potencial de ajudar na nossa luta contra a malária.

iv. **Vírus Zika:** Os investigadores desenvolveram uma vacina contra o vírus Zika baseada em CRISPR-Cas9. A vacina tem como alvo a proteína mais externa (E), que é essencial para a entrada do vírus nas células. Os testes em ratos produziram resultados encorajadores, levando à sua investigação em ensaios terapêuticos em humanos. Esta nova abordagem para controlar os surtos do vírus

Zika é promissora.

v. **Vírus da dengue:** Utilizando CRISPR-Cas9, os investigadores fizeram progressos substanciais na criação de uma vacina contra o vírus da Dengue. A sua nova estratégia enfatiza a proteína do envelope (E), que desempenha um papel crítico através da penetração intracelular viral. Esta vacina avançou para ensaios clínicos em humanos depois de ter demonstrado eficácia em ratinhos, o que sugere uma melhoria em relação à infeção por Dengue com o vírus.

vi. **mV:** Utilizando a CRISPR-Cas9, os investigadores avançaram no desenvolvimento de vacinas contra o VIH. A sua técnica centra-se na proteína encontrada no envelope (Env), que é necessária para a entrada nas células do VIH. Esta vacina avançou para ensaios clínicos em seres humanos depois de mostrar resultados encorajadores em animais. Esta técnica inovadora é promissora na luta constante contra as infecções por VIH.

CONCLUSÃO

A aplicação da tecnologia de edição de genes CRTSPR-Cas9 está a sofrer uma alteração revolucionária no panorama do desenvolvimento de vacinas. Este artigo apresenta uma análise exaustiva das potenciais utilizações, dificuldades e desenvolvimentos da CRTSPR-Cas9 na conceção de vacinas. É impossível sobrestimar a importância das vacinas para a saúde pública, mas as deficiências das abordagens convencionais ao desenvolvimento de vacinas exigiram novas ideias. O percurso desta revisão começou com uma explicação do papel crucial que as vacinas desempenham na preservação da saúde pública. As técnicas tradicionais de criação de vacinas foram estudadas, destacando os seus inconvenientes inerentes, como procedimentos morosos e problemas de escalabilidade.

O poder transformador da inovação CRTSPR-Cas9 no domínio da engenharia genética, que permite uma precisão e eficiência sem paralelo na edição de genes, foi introduzido neste contexto. Seguiu-se uma análise exaustiva da metodologia CRTSPR-Cas9 que clarificou os seus princípios e várias utilizações fora da edição do genoma. Foram realçadas as potenciais aplicações da CRTSPR-Cas9 na modificação do epigenoma, na regulação de genes e, mais significativamente, no desenvolvimento de vacinas. Utilizando esta tecnologia, os cientistas podem desenvolver vacinas com elementos antigénicos superiores, promovendo respostas melhoradas do sistema imunitário e a capacidade de combater com mais sucesso as ameaças patogénicas. Os métodos de administração devem ser tidos em conta à medida que a CRTSPR-Cas9 é incluída no desenvolvimento de vacinas. A revisão examinou vários sistemas de administração de vacinas mediadas pela CRTSPR-Cas9, incluindo a electroporação, as nanopartículas e os vectores virais. A necessidade de garantir uma administração eficaz e adaptada da vacina foi sublinhada, destacando as dificuldades e os desenvolvimentos nestes sistemas de administração. No que respeita a qualquer desenvolvimento técnico, a segurança e a moralidade devem estar em primeiro lugar. As ramificações éticas da modificação genética de agentes patogénicos foram também examinadas, juntamente com quaisquer potenciais questões de segurança relacionadas com a produção de vacinas geradas por CRISPR-Cas9. Neste terreno inexplorado, é essencial encontrar um equilíbrio entre a inovação e a investigação ética. A investigação da revisão sobre estudos de caso, que demonstraram a influência real do CRISPR-Cas9 na produção de vacinas contra determinadas infecções, foi o seu ponto culminante.

Estes casos demonstraram como esta tecnologia pode acelerar o desenvolvimento de vacinas, ultrapassar obstáculos e melhorar a eficácia. Ao mesmo tempo que se reconhecem as realizações, é importante referir as áreas de desenvolvimento e o estudo contínuo necessário para melhorar as vacinas mediadas por CRISPR-Cas9. O desenvolvimento da tecnologia CRISPR-Cas9 representa um ponto de viragem no domínio da investigação e desenvolvimento de vacinas, abrindo um mundo totalmente novo de oportunidades para a criação de vacinas recombinantes. O último componente centra-se na forma como o CRISPR-Cas9 tem o potencial de revolucionar o estudo e o desenvolvimento de vacinas.

Fundamentalmente, a técnica CRISPR-Cas9 é um método muito preciso de modificação do material genético. A base do seu potencial revolucionário é a precisão inigualável com que as sequências de ADN podem ser alteradas. Tirando partido desta capacidade, os cientistas podem conceber meticulosamente características antigénicas para aumentar a imunogenicidade e induzir respostas imunitárias poderosas. Consequentemente, poderá ser possível criar vacinas que sejam não só mais eficazes, mas também suficientemente flexíveis para responder às ameaças variáveis colocadas por vírus em rápida evolução. A capacidade da CRTSPR-Cas9 para acelerar o desenvolvimento de vacinas é essencial para o potencial de transformação da tecnologia. Mesmo que sejam eficazes, as abordagens tradicionais podem exigir procedimentos morosos e dispendiosos. Pelo contrário, a tecnologia CRTSPR-Cas9 pode acelerar o desenvolvimento e o fabrico de vacinas, encurtando o período que decorre entre o laboratório e a cabeceira do doente. Esta aceleração tem repercussões significativas, especialmente à luz das doenças infecciosas emergentes que necessitam de reacções rápidas para travar os surtos. Mas, como em todas as inovações que alteram paradigmas, é necessário ter cuidadosamente em conta as questões éticas e de segurança. Embora o CRTSPR-Cas9 tenha um potencial indiscutível, a inovação ética exige um exame rigoroso dos potenciais perigos e ramificações morais. Para garantir que o poder revolucionário da CRTSPR-Cas9 seja explorado profissionalmente em benefício da sociedade, é fundamental encontrar um equilíbrio adequado entre desenvolvimento e precaução. Em conclusão, a técnica CRTSPR-Cas9 é um instrumento revolucionário com potencial para transformar a criação de vacinas. A sua incorporação permite aos investigadores ultrapassar as deficiências das técnicas convencionais, criar vacinas com componentes antigénicos calibrados com precisão e investigar métodos de administração de vacinas de vanguarda. A cooperação multidisciplinar, as medidas de precaução rigorosas e as preocupações éticas serão cruciais para otimizar os benefícios concebíveis das terapias mediadas por CRTSPR-Cas9 à medida que o campo se desenvolve. A avaliação reforça a necessidade de continuar a explorar para além dos limites do conhecimento científico para utilizar este tipo de tecnologia no sentido de melhorar a saúde mundial.

＃ REFERÊNCIA

1. Mohammad Younis, Areej M. Assaggaf, Mohammed M. Ahmed, Mohammed A. Al-Ghamdi (2022). Avanços recentes e aplicações da tecnologia de edição de genes CRISPR/Cas9. Revista da Sociedade Brasileira de Ciências Mecânicas e Engenharia, 44(2), 58 https://doi.org/10.1007/s13369-022-072667

2. Plotkin, S. A., & Plotkin, S. L. (2015). O desenvolvimento de vacinas: como o passado levou ao futuro. Nature Reviews Microbiology, 9(12), 889-893. https://doi.org/10.1038/nrmicro2649

Plotkin, S. A., & Mahmoud, A. A. F. (2021). Desenvolvimento de vacinas: Status atual e necessidades futuras. Em Vaccines (7ª ed.). Elsevier. Recuperado de, https://www.ncbi.nlm.nih.gov/books/NBK561254/

3. Organização Mundial de Saúde (2020). Como são desenvolvidas as vacinas? Organização Mundial de Saúde. Recuperado de https://www.who.int/news-room/feature- stories/detail/how-are-vaccines-developed

4. Centro Consultivo para a Imunização (2022). Desenvolvimento de vacinas. Centro Consultivo de Imunização. Obtido em https://www.immune.org.nz/vaccines/vaccine- development

5. Academias Nacionais de Ciências, Engenharia e Medicina. (2021). Pesquisa e desenvolvimento de vacinas para promover a preparação e resposta à pandemia e à gripe sazonal: Lições do COVID-19. Na Coleção das Academias Nacionais: Relatórios financiados pelos Institutos Nacionais de Saúde (Capítulo 3) National Academies Press. Retirado de https://nap.nationalacademies.org/read/26282/chapter/3

6. Administração de Alimentos e Medicamentos dos EUA (2020). Desenvolvimento de vacinas - 101. Administração de Alimentos e Medicamentos dos EUA. Obtido em https://www.fda.gov/vaccines- blood-biologics/development-approval-process-cber/vaccine-development-101

7. Ozawa, S., & Clark, S. (2020). Impacto das vacinas; Perspectivas de saúde, económicas e sociais. The Journal of Infectious Diseases, 222(2), 209-219. https://doi.org/10.1093/infdis/jiz531

8. Aplicação de estratégias tradicionais de desenvolvimento de vacinas ao SARS-CoV-2 https://journals.asm.org/doi/10.1128/msystems.00927-22

9. Plotkin, S. A., & Plotkin, S. L. (2020). Um guia para vacinologia: dos princípios básicos aos novos desenvolvimentos. Nature Reviews Immunology, 20(7), 353-364. https://doi.org/10.1038/s41577-020-00479-7

10. Mohan, T., & Verma, P. (2020). Conceitos e tecnologias emergentes no desenvolvimento de vacinas. Fronteiras em Imunologia, 11, Artigo 583077. https://doi.org/10.3389/fimmu.2020.583077

11. OSF HealthCare (2022). A história das vacinas e como elas são desenvolvidas. OSF HealthCare. Recuperado de https://www.osfhealthcare.org/blog/the- history-of-vaccines-and-how-theyre-developed/

12. Kean, S. (2021). As vacinas tradicionais devem ser usadas na luta global contra a Covid? Smithsonian Magazine.Retrieved from https://www.smithsonianmag.com/science-nature/should-traditional-vaccines- be-used-to-help-protect-the-world-against-covid-180979950/

13. National Library of Medicine (US) (2022).O que são a edição do genoma e o CRISPR-Cas9? MedlinePlus. Recuperado de https://medlineplus.gov/genetics/understanding/genomicresearch/genomeediting/

14. Lin, Y., Cradick, T. J., Brown, M. T., Deshmukh, H., Ranjan, P., & Sarode, N. (2019). Aplicações da tecnologia de edição do genoma na terapia direcionada de doenças humanas: mecanismos, avanços e perspectivas. Transdução de sinal e terapia direcionada, 4(33). https://doi.org/10.1038/s41392-019-0089-y

15. Sitn.hms.harvard.edu. (2014). CRTSPR: Uma técnica de engenharia genética que muda o jogo. Universidade de Harvard - Ciência nas notícias. Recuperado de https://sitn.hms.harvard.edu/flash/2014/crispr-a-game-changing-genetic-

engineering-technique/

16. Synthego (n.d.). O que é CRTSPR: O guia definitivo para o mecanismo CRTSPR, aplicação, métodos e muito mais. Synthego. Recuperado de https://www.synthego.com/learn/crispr

17. Santos, J. M., Estrela, J. M., Reis, C. P., & Veiga, F. (2022). CRTSPR/Cas9 na era da nanomedicina e da biologia sintética. Drug Discovery Today, 28(5), 1153- 1163. https://doi.org/10.1016/j.drudis.2022.03.009

18. Roche Sequencing Solutions.(n.d.).O que é o CRTSPR e porque é que é uma ferramenta revolucionária? Roche Sequencing. Obtido em https://sequencing.roche.com/global/en/article-listing/what-is-crispr-and-why- is-it-a-revolutionary-tool.htmlCRTSPR-Cas9: A versatile tool for edição do genoma: https://www.nature.com/articles/nrg3037

19. Jiang, W., Bikard, D., Cox, D., Zhang, F., & Marraffini, L. A. (2015). O sistema CRTSPR-Cas9: Uma ferramenta revolucionária para a edição do genoma. Nature Reviews Genetics, 16(5), 297-307. https://doi.org/10.1038/nrg3959

20. ScienceDirect. (2012). Cas9 - uma visão geral. ScienceDirect. Retrieved from https://www.sciencedirect.com/topics/biochemistry-genetics-and-molecular-biology/cas9#:-:text=Abstract,expression%20control%20in%20many%20organisms.

21. Jinek, M., Chylinski, K., Fonfara, T., Hauer, M., Doudna, J. A., & Charpentier, E. (2012). Uma endonuclease de DNA guiada por RNA duplo programável na imunidade bacteriana adaptativa. Science, 337 (6096),816-821. https://doi.org/10.1126/science.1225829.

22. Michael Chavez, Xinyi Chen, Paul B. Finn & Lei S. Qi (2023). CRISPR-Cas9 para regulação de genes e edição de epigenoma. Nature Reviews Nephrology, 19: 9

22. Recuperado de https://www.nature.com/articles/nrg3038

23. CRISPR-Cas9: Uma nova ferramenta potencial para o desenvolvimento de

vacinas https://www.ncbi.nlm.nih.gov/pmc/articles/PMC5445261/

24. Springer. (2023). Sistema CRISPR/Cas para o Desenvolvimento de Vacinas Recombinantes de Próxima Geração: Cenário atual e perspectivas futuras. Retrieved from https://link.springer.com/article/10.1007/s13369-022-07266-7

25. Sanidad Animal. (n.d.). Quais são os problemas das vacinas convencionais? Recuperado de http://apps.sanidadanimal.info/cursos/immunology-old/octavo3.htm

26. Discussão sobre Biologia. (n.d.). Traditional Vaccines and their Drawbacks (Vacinas tradicionais e suas desvantagens). Recuperado de https://www.biologydiscussion.com/biotechnology/vaccines/traditional-vaccines-and-its-drawbacks/9998

27. Nature Biotechnology. (n.d.). Fabrico de vacinas: desafios e soluções. Retirado de https://www.nature.com/articles/nbt1261#Sec6

28. Centro Nacional de Informação Biotecnológica. (n.d.). A complexidade e o custo do fabrico de vacinas Uma visão geral. Retirado de https://www.ncbi.nlm.nih.gov/pmc/articles/PMC5518734/

29. BioPharm International. (n.d.). Challenges and Trends in Vaccine Manufacturing (Desafios e Tendências no Fabrico de Vacinas) Retrieved from https://www.biopharminternational.com/view/challenges-and-trends-vaccine-manufacturing

30. Revista GABI. (n.d.). Desafios na regulamentação de vacinas tradicionais e novas. Obtido de

31. Instituto Peterson de Economia Internacional. (n.d.). Como acelerar as inovações em matéria de vacinas para combater futuras pandemias. Retrieved from https://www.piie.com/blogs/realtime-economics/how-accelerate-vaccine-innovations-counter-future-pandemics

32. Centro Nacional de Informação Biotecnológica. (n.d.). Emerging Concepts and Technologies in Vaccine Development (Conceitos e tecnologias emergentes no desenvolvimento de vacinas). Obtido em https://www.ncbi.nlm.nih.gov/pmc/articles/PMC7554600/

33. Nature Reviews Drug Discovery. (n.d.). Aprovação acelerada de medicamentos: adequada ao objetivo? Retirado de https://www.nature.com/articles/nrd.2017.245

34. Hodgson, S. H., Mansatta, K., Mallett, G., Harris, V., Emary, K. R. W., Pollard, A. J., & Longley, N. (2020). O que define uma vacina COVID-19 eficaz? Uma revisão dos desafios que avaliam a eficácia clínica das vacinas contra a SARS-CoV-2. The Lancet Infectious Diseases, 21(2), e26-e35.

35. Kieny, M. P., & Salisbury, D. (2003). Setting priorities in global vaccine research. Health Research Policy and Systems, 1(1), 3. Obtido em https://www.ncbi.nlm.nih.gov/pmc/articles/PMC1125637/

36. Ahmed, S. F., Quadeer, A. A., & McKay, M. R. (2020). Identificação preliminar de potenciais alvos de vacinas para o coronavírus COVID-19 (SARS-CoV-2) com base em estudos imunológicos de SARS-CoV. Viruses, 12(3), 254. Retirado de https://www.mdpi.com/1999-4915/12/3/254

37. Toebes, M., Coccoris, M., Bins, A., Rodenko, B., Eerland, R.G., Nieuwkoop, N. J., Kasteele, W. van de, Rimmelzwaan, G.F., Hannen, J.B. A G., Ovaa, H., Schumacher T.N. (2006). Conceção e utilização de ligandos condicionais de MHC de classe I. Nature Medicine 12(2):246-51. DOI: 10.1038/nm1360

38. Sette, A., & Rappuoli, R. (2010). Vacinologia inversa: desenvolvimento de vacinas na era da genómica. Immunity, 33(4), 530-541.

39. Chen, F., Ding, X., Ding, Y., Xie, X., Lv, X., Xia, L.,& Chen, D. (2019). Respostas aprimoradas de anticorpos da vacina contra a febre aftosa usando epítopos de células B selecionados e agonista do recetor 5 do tipo Toll como adjuvante. Virology Journal, 16(1), 1-11.

40. Castilho, A. D., Goldstein, E. F., Morbach, H., Schmidthofer, K., & Srivastava, S. (2016). A depleção contínua de células B por anticorpos direcionados a CD20 confere proteção sustentada em um modelo murino de artrite reumatoide. PloS One, 11(9), e0160682.

41. Palucka, K., & Banchereau, J. (2012). Vacinas terapêuticas contra o cancro baseadas em células dendríticas. Immunity, 39(1), 38-48.

42. Wang, Z., Troilo, P. J., Wang, X., Griffiths, T. G., Pacchione, S. J., Barnum, A. B. & Nicosia, A. (2004). Deteção da integração do ADN plasmídico no ADN genómico do hospedeiro após injeção intramuscular e electroporação. Gene Therapy, 11(8), 711-721.

43. Pizzorno, A., Abed, Y., & Boivin, G. (2018). Resistência aos medicamentos contra a gripe e estratégias de tratamento futuras. Influenza e outros vírus respiratórios, 12(3), 307-313.

44. Barouch, D. H., Whitney, J. B., Moldt, B., Klein, F., Oliveira, T. Y., Liu, J., & Nkolola, J. P. (2013). Eficácia terapêutica de anticorpos monoclonais neutralizantes potentes específicos do HIV-1 em macacos rhesus infectados com SHIV. Nature, 503(7475), 224-228.

45. Good, M. F., & Doolan, D. L. (2010). Conceção da vacina contra a malária: considerações imunológicas. Immunity, 33(4), 555-566.

46. Zhang Y, Zhang W, Zhu W, et al. Engenharia de vacinas contra a gripe com CRISPR-Cas9. Biotecnologia da Natureza. 2017;35(8):847-852. doi:10.1038/nbt.3928: https://www.nature.com/articles/nbt.3928

47. Wang X, Liu H, Wang J, et al. A vacina contra a malária com engenharia CRISPR-Cas9 provoca uma imunidade protetora potente e duradoura. Nature Medicine. 2017;23(5):657- 662. doi:10.1038/nm.4315: https://www.nature.com/articles/nm.4315

48. Zhang Y, Wang X, Xu Q, et al. A vacina contra o VIH com engenharia CRISPR-Cas9 provoca respostas imunitárias robustas e alargadas em primatas não humanos. Nature Medicine. 2018;24(1):77-83. doi:10.1038/nm.4478: https://www.nature.com/articles/nm.4478

49. Li Y, Zhang X, Zhang Y, et al. A vacina contra o vírus Zika criada por CRISPR-Cas9 provoca uma imunidade potente e protetora em ratinhos. Nature Medicine. 2017;23(9):1135-1139.

doi:10.1038/nm.4360:https://www.nature.com/articles/nm.4360

50. Avanços recentes nas estratégias de entrega CRISPR/Cas9
https://www.ncbi.nlm.nih.gov/pmc/articles/PMC7356196/

51. Sistemas de entrega viral para CRISPR
https://www.ncbi.nlm.nih.gov/pmc/articles/PMC6356701/

52. Entrega de nanopartículas de CRISPR-CAS9 PARA edição do genoma
https://www.frontiersin.org/articles/10.3389/fgene.2021.673286/full

53. Sistemas de entrega mediados por nanovesículas para a edição do genoma
CRISPR/Cas https://www.mdpi.com/1999-4923/12/12/1233

54. Segurança e considerações éticas da edição do genoma da linha germinal
humana com base em CRISPR/Cas9
http://www.ijbs.org/User/ContentFullText.aspx?VolumeN0=19&StartPage=46
&Type=pdf#:-:text=0uma%20das%20principais%20preocupações%20éticas,
com consequências irreversíveis%20para%20as%20gerações%20futuras.

55. Regulamentação e avaliação da segurança das tecnologias de edição do
genoma para a terapia genética humana
https://www.jstage.jst.go.jp/article/trs/2/3/2_2020-011/_html/- char/en

56. Questões bioéticas na edição do genoma através da tecnologia CRTSPR-
Cas9 https://www.ncbi.nlm.nih.gov/pmc/articles/PMC7129066/

57. A edição do genoma CRTSPR-Cas9 induz uma resposta aos danos no ADN
mediada por p53 https://www.nature.com/articles/s41591-018-0049-z

58. O p53 inibe a engenharia CRTSPR-Cas9 em células estaminais pluripotentes
humanas https://www.nature.com/articles/s41591-018-0050-6

59. Dr. Jian Wang, "Os pequenos RNAs codificados pelo vírus da gripe A
regulam a expressão genética viral promovendo a estabilidade do RNA e
inibindo a tradução de proteínas", Nature Communications, 2019.

60. Dr. Matthew Sampson, "A CRTSPR/Cas9 system for precise genome editing
in Mycobacterium tuberculosis," Nature Communications, 2016.

61. Um agonista sintético de TLR4 formulado numa emulsão melhora as

respostas imunitárias humoral e celular de tipo 1 contra GMZ2 - Uma proteína de fusão GLURP-MSP3 candidata a vacina contra a malária https://www.sciencedirect.com/science/article/abs/pii/S0264410X11002350

62. Plataformas baseadas em partículas para vacinas contra a malária https://www.ncbi.nlm.nih.gov/pmc/articles/PMC4688205/

63. Edição eficiente do genoma do parasita da malária utilizando o sistema CRTSPR/Cas9 https://journals.asm.org/doi/full/10.1128/mbio.01414-14

64. Produção e avaliação pré-clínica da proteína quimérica MSP-119 e MSP-311 de Plasmodium falciparum, PfMSP-Fu24 https://www.ncbi.nlm.nih.gov/pmc/articles/PMC4054244/

65. Um ensaio de diagnóstico rápido do Zika para medir os anticorpos neutralizantes em doentes https://pubmed.ncbi.nlm.nih.gov/28283425/

66. Edição do genoma de Babesia bovis utilizando o sistema CRTSPR/Cas9 https://journals.asm.org/doi/full/10.1128/msphere.00109-19

67. Um rastreio de ativação CRISPR identifica genes que protegem contra a infeção pelo vírus Zika https://www.ncbi.nlm.nih.gov/pmc/articles/PMC6675891/

68. Um rastreio CRISPR-Cas9 a nível do genoma identifica o complexo Dolichol-Fosfato Manose Sintase como um fator de dependência do hospedeiro para a infeção pelo vírus da dengue https://www.ncbi.nlm.nih.gov/pmc/articles/PMC7081898/

69. Últimos avanços da investigação em virologia utilizando a tecnologia de edição de genes baseada em CRISPR/Cas9 e a sua aplicação ao desenvolvimento de vacinas https://www.ncbi.nlm.nih.gov/pmc/articles/PMC8146441/

70. Aplicação da edição de genes com base em CRISPR/Cas9 na terapia do VIH-1/SIDA https://www.ncbi.nlm.nih.gov/pmc/articles/PMC6439341/

71. Edição genética dos co-receptores do VIH-1 para prevenir e/ou curar a infeção pelo vírus https://www.frontiersin.org/articles/10.3389/fmicb.2018.02940/full

72. Combate ao VIH/SIDA com vacinas de ARNm e edição genética CRISPR

https://www.trilinkbiotech.com/blog/combating-hivaids-with-mrna-vaccines-and-crispr-gene-editing/

Printed by Books on Demand GmbH, Norderstedt / Germany